科学原理早知道 自然与环境

守护清清河流

[韩] 金基明 文
[韩] 李良德 绘
季成 译

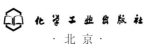
化学工业出版社
·北京·

"爸爸，一起去骑自行车吧。"

"好啊。正好听说城中河的工程结束了，我们一起去看看吧？"

周六下午，小智和爸爸一起来到了城中河边。

"咦？这还是原来那条城中河吗？"

小智惊讶道。

不久前，这条就连水泥地上的积水也散发着腐烂气味的城中河，现在正流淌着清澈的河水，鱼儿在里面游得可欢快了。

"原来是人们清除了水泥地面，又在水岸边种植了大量植物，所以河水才变得这么清澈的呀。"

黄菖蒲、蒲柳、香蒲、芦苇和长戟叶蓼等生长在水边的植物从空气中吸收氧气后，将氧气输送给附着在其根部的细菌们，让它们茁壮成长。

这些细菌能够分解漂浮在水中的物质(悬浮物质)，使污水重回清澈。

城中河是指贯穿城市内部的河道。生活污水等各种废水排放会造成河水污染问题，使其散发出恶臭味。

经过人们的治理，如今这条城中河又变成了清澈干净的河流。

只要我们付诸努力，城中河是可以重回清澈的。

1

　　"河水变得这么清澈，是不是很棒呀？其实地球上能够供人们生活用的水量并不多。"

　　"咦，真奇怪。不是说地球表面 70% 都是水吗？"

　　"话是这么说，但是这些水大部分都是海水。可以供我们饮用、洗漱、农业灌溉的水资源量其实很小。"

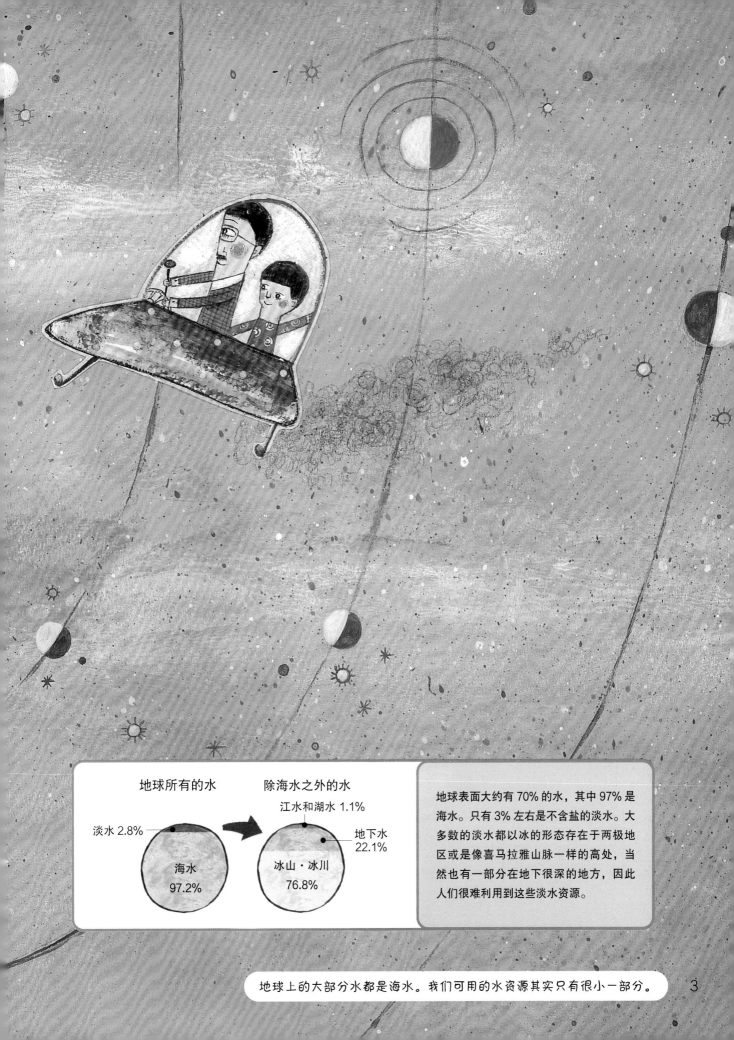

地球所有的水　　除海水之外的水

淡水 2.8%

海水
97.2%

江水和湖水 1.1%

地下水
22.1%

冰山·冰川
76.8%

地球表面大约有 70% 的水，其中 97% 是海水。只有 3% 左右是不含盐的淡水。大多数的淡水都以冰的形态存在于两极地区或是像喜马拉雅山脉一样的高处，当然也有一部分在地下很深的地方，因此人们很难利用到这些淡水资源。

地球上的大部分水都是海水。我们可用的水资源其实只有很小一部分。

3

"但我们国家不是有很多水吗？"

"虽然我国降水量适中，淡水资源总量较为丰富。但是我国人口众多，按照人均水资源来比较，属于世界上干旱缺水严重的国家。所以我们不能浪费水哦。"

"嘿嘿，其实我平常是有一点浪费水……"

"洗澡的时候，不要一直开着花洒，等全身抹完香皂后再打开；还有不要总是玩打水仗。这样就能节约水资源啦。"

"洗脸的时候用脸盆接水，刷牙的时候用杯子接水，仅仅这样的小行动，就能节约不少的水资源呢。"

世界一些国家人均日用水量

中国	英国	法国	日本
210升	323升	281升	357升

中国的淡水资源总量为28000亿立方米，占全球水资源的6%，仅次于巴西、俄罗斯和加拿大，名列世界第四位。

虽然中国的淡水资源总量比大部分国家多，但是人均水资源是世界干旱缺水严重的国家。

13000ℓ

12000ℓ

11000ℓ

9000ℓ

8000ℓ

7000ℓ

6000ℓ

5000ℓ

4000ℓ

3000ℓ

2000ℓ

1000ℓ

900ℓ

800ℓ

700ℓ

600ℓ

500ℓ

400ℓ

300ℓ

200ℓ

100ℓ

"从现在起我也要开始节约用水。"

"节约用水固然重要，但避免污染也是关键哦。

我们现在用的水，在不久之后就会被我们的后代子孙再次使用。"

降雨

水一直在循环

无论是被我们使用过，还是被浪费掉的水，最后都会随着河流汇入大海，然后变成云，再变成雨水，最终又为我们生活所用。

水蒸发后，凝结成云

江河流入大海

下雨或下雪后，部分水会渗入地下，变成地下水。但大多数的水会随着河流汇入大海。

在阳光的照射下，江河与大海的水会变成水蒸气飞到天上变成云，然后又会以雨或雪的形式重新回到地上。

家里使用的是经过净水处理后的水。

净水处理是指为使海水或河水成为我们可以饮用的生活用水而采取的净化处理措施。

每个家庭排放的生活废水会被收集起来进行污水处理。

污水处理是指废水在被排放到江河前，为将其处理至符合相应水质标准而采取的措施。

被处理的污水达到排放标准后，流入江河。

水一直在大自然中循环。节约用水的同时，守护水不被污染更为重要。

"呀！所以被我们排放掉的污水可能会重新成为我们喝的生活用水？"

"别担心。我们使用的自来水经过了很多个处理过程，干净得很，可以放心大胆地用。"

自来水在被送到我们各家各户之前

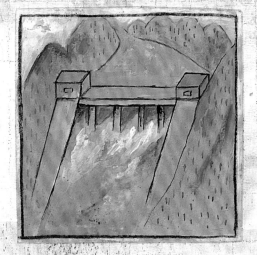

保护水库与江河的水，避免被污染。

送往自来水厂

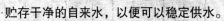

贮存干净的自来水，以便可以稳定供水。

加入液氯进行二次消毒，2小时后液氯的气味就会消散。

将水送到各家各户

"那自来水是怎么来的呀？"

"人们把江河上游的水汇聚在一起，并将这样的自来水取水点叫做'水源地'。水源地的水通常比较干净，但也有受到污染的河流汇入水源地的情况发生哦。"

通过首次消毒，除去对人体有害的重金属与微生物等物质。

为使其成为人们可以饮用的中性水，加入化学物质与水混合。

化学物质与杂质的结合物沉降至底部。

利用沙子等过滤装置，去除未沉淀的杂质。

化学物质与水中的杂质相互结合。

江河的水经过数个净化过程后就能成为我们可以饮用的自来水啦。

"要是受污染的水害得整条河都被污染了的话，那该怎么办啊？"

"其实水稍微受到一点污染是没什么大问题的，因为河水具有自我净化的能力。"

"自我净化？"

"溶解在水中的氧气和微生物能够将水中的污染物分解并清除掉。但如果污染物实在太多的话，就很难被自然分解掉了。"

直接倾倒牲畜的粪便和尿液，导致地下水或河流水质变差。

在溪边洗衣服，溪水被污染后汇入江河。

直接排放工厂废水，有害的重金属污染物混入地下水或河流。

在江边洗车，油污等污染物弄脏河水。

在河边未经允许的区域野炊，食品垃圾污染河水。

肆意排放含有合成洗涤剂与食物垃圾的家庭污水。

垃圾填埋场的污染物渗入地下并流入江河。

垃圾填埋场

一直被污染的水

地球上所有的生物都需要干净的水。但水资源的污染问题日益严重，正威胁着地球上的所有生物。让我们来看看周围的水是如何被污染的吧？

农药渗入地下，污染了地下水。

想要污水重新变干净，就要用比污水多数千倍的水来净化。

你知道吗？食物垃圾是水污染的主要构成物质。

泡菜汤
（100毫升）

5.7 浴缸的
水（1140升）

半杯废弃的食用
油（10毫升）

10 浴缸的水
（2000升）

一杯烧酒
（20毫升）

5 浴缸的水
（1000升）

一杯咖啡
（100毫升）

5.7 浴缸的
水（1140升）

一盒牛奶
（200毫升）

20 浴缸的水
（4000升）

一碗大酱汤
（200毫升）

4.5 浴缸的
水（920升）

一碗方便面汤汁
（200毫升）

5 浴缸的水
（1000升）

一盆淘米水
（1000毫升）

3.8 浴缸的
水（675升）

随意丢弃食物垃圾的话，河水就会被污染哦。

导致水被污染的物质可不止是食物垃圾哦！
合成洗涤剂中的磷和氮流入江河后，
喜欢它们的浮游生物数量就会增加，并漂浮在水面上，
阳光和氧气就无法进入水中。
由于水中的氧气减少，河水就会变脏，鱼儿也会相继死去。
这一现象被称为"富营养化"。

水华现象：指在富营养化的湖泊或水流缓慢的江河下游，浮游
生物的数量骤然增加，水的颜色变成绿色的现象。
赤潮现象：指在富营养化的海洋中浮游生物数量突然增加，海
水变成红褐色，或海水变色的现象。

净化被污染的水

被污染的水必须经过净化处理后才可以被排放到河流中。因此人们会把使用过的污水集中到污水处理厂进行净化处理后再排放到江河中。

对了，从厕所马桶排掉的生活污水在进入污水处理厂前，会先经过化粪池过滤掉部分污染物哦。

另外含有重金属等有害成分的工厂废水也会先进行特殊处理，然后再送到污水处理厂。

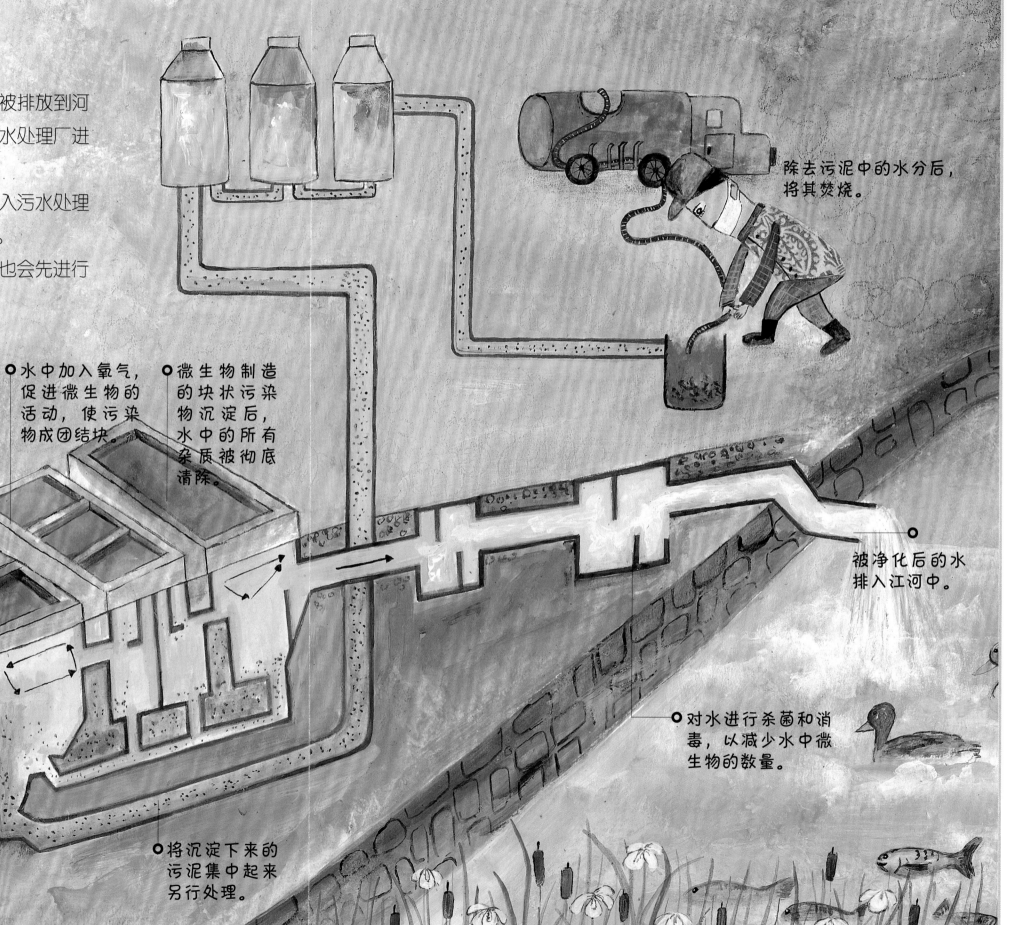

除去污泥中的水分后，将其焚烧。

水中加入氧气，促进微生物的活动，使污染物成团结块。

微生物制造的块状污染物沉淀后，水中的所有杂质被彻底清除。

静置约2小时后，杂质沉淀。

被净化后的水排入江河中。

对水进行杀菌和消毒，以减少水中微生物的数量。

生活污水和工厂废水被集中送往污水处理厂，过滤掉污水中的各种垃圾和杂质。

将沉淀下来的污泥集中起来另行处理。

使用大量的合成洗涤剂就会出现许多的泡泡。
像厨房清洁剂、洗发水、护发素，还有洗衣粉等，都是合成洗涤剂哦。
你看漂浮在河道水面上的泡泡，就是合成洗涤剂造成的。
水面上有泡泡的话，氧气就无法进入水中了。
这样一来，水中生物所需的氧气就被迫减少，
河水变得越来越脏，鱼儿们呼吸困难。

洗发水和洗衣皂等都是合成洗涤剂，也会污染河水哦。

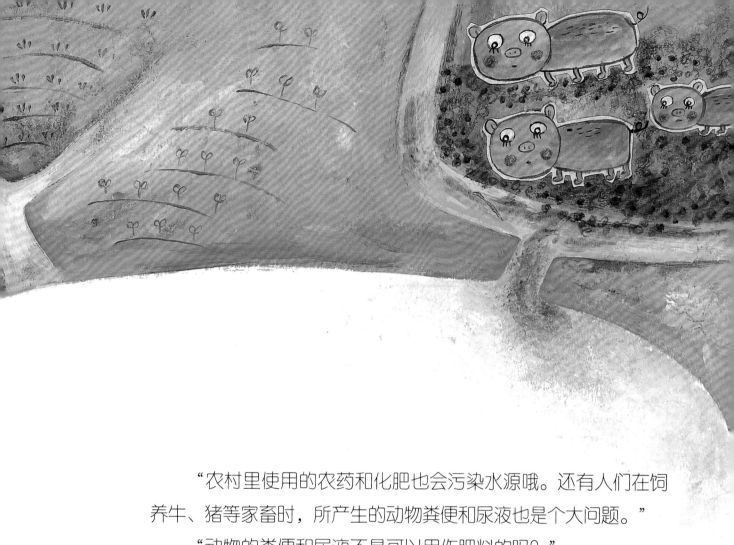

"农村里使用的农药和化肥也会污染水源哦。还有人们在饲养牛、猪等家畜时，所产生的动物粪便和尿液也是个大问题。"

"动物的粪便和尿液不是可以用作肥料的吗？"

"只有粪便和尿液彻底腐烂发酵之后，才能被用作肥料。要知道当这种肥料渗入地下或流入江河的话，水就会被污染。而村民又多以地下水作为生活用水，所以要是地下水被污染的话，那可就糟了。"

农村里使用的农药、化肥，还有牲畜的粪便及尿液等，都会导致河流被污染哦。

水俣病

1953 年，日本水俣湾附近出现了一种怪病，许多人口齿不清、双手麻痹、视觉丧失，严重者甚至死亡。其实这都与渔村附近的工厂排放了含有汞的废水有关。这是一种由于人们长期食用被汞污染的鱼和贝类所引起的疾病。

"最可怕的就是工厂废水了。从工厂排放出来的水中含有剧毒物质，比如汞、铅、镉等重金属。"

重金属在水中无法被分解，会一直留在水中，然后进入生活在水中的鱼的身体里，进入需要用水来灌溉的农作物里。

它们非但没有被分解消失，反而残留累积了下来。

要是人们食用了这些受污染的鱼或农作物，重金属就被留在了人的身体里，时间久了人们就会生病。

情况严重的话，甚至会丢了性命。

工厂废水如果直接排放到河里，河水就会被污染。

"知道河水最后会流到哪里去吗？"

"当然是流向大海呀。"

"对咯。所以要是河水被污染，那么等到这些河水汇入大海之后，海洋也就会被污染了。"

原油粘在海鸟的翅膀上，导致它们难以飞翔和吃水。

阿拉斯加港湾就曾发生过重大的原油泄漏事件，导致近 36000 只水鸟和 1000 只海獭死亡，附近的海洋生态系统几乎被摧毁。

船舶在航行途中排放的油性污染物也会造成海洋污染。尤其是载运原油的原油船要是发生事故导致原油泄漏的话，那周围海域就等同于被彻底毁灭。

　　这些油性污染物漂浮在海上，并随着海水涌向海岸，这对许多海洋生物来说就是灭顶之灾。

受到污染的河水汇入大海，还有船舶排放的油性污染物，这些都会使大海被污染。

　　在过去，许多国家都将垃圾、核废料等污染物倾倒到大海里。而现在，由多个国家共同制定了禁止这种行为的国际法，让大家一起来守护海洋生态环境。

　　核电站是致使海洋生物濒危的因素之一。核电站的冷却水直接排放到大海里，会造成附近海域的海水温度升高。人们利用水来冷却核反应所产生的热能的同时，水会被加热。要知道即使是很小的温度变化，也会对海洋生物造成巨大的影响。

把垃圾直接倒入大海，会使大海被污染哦。　　25

"我知道为什么拯救河流很重要了。"

爸爸听了小智的话笑道："小小的河流是所有江河湖海的开始。保护河流，让江河湖海能够保持自净能力非常重要。污染容易，可要让它恢复成原来的样子，就需要付出大量的金钱和时间了。"

水是人与动植物共享的珍贵资源。

我们所有人都应该节约用水，保护水资源。

拯救每一条小小的河流，就能让江河甚至海洋都变得洁净美丽。

检查水龙头的漏水量

嘀嗒……嘀嗒……看到水龙头滴水时，可曾想过这会浪费多少水？

完成下列实验，试着测量一滴自来水的水量。

实验材料　1.5升装的塑料瓶、钟表

实验方法

1. 调节水龙头，使水一滴一滴匀速滴落，并在水龙头下方放置1.5升装的塑料瓶。
2. 一小时后，测量出塑料瓶中所收集的自来水容量。
3. 用步骤2的数据计算出一天浪费的水量。1小时浪费的水量×24（小时）=1天浪费的水量。
4. 根据步骤3的数据计算出一年浪费的水量。1天浪费的水量×365（天）=1年浪费的水量。

为什么会这样呢？

据统计，我们每天的用水量如下：饮用或烹饪5升；洗碗5升；洗头10～20升；淋浴洗澡70升；浴缸洗澡200升；洗衣服100升；马桶冲水20～40升。根据实验我们知道，在水龙头未拧紧的情况下，一年将会有4000多升的水被浪费。因此我们要关紧水龙头，避免水资源的浪费哦。

实验结果

1小时内滴落的水量为1.5升装塑料瓶容量的三分之一

1天浪费的水量为8个1.5升装塑料瓶的容量（即12升）

1年浪费的水量为12升 x 365 = 4380升

用废弃的食用油做肥皂

在垃圾分类中，废弃的食用油属于"湿垃圾"中的厨余垃圾。但是你知道吗，用这些废弃的食用油可以制作环保肥皂哦。让我们一起来看看环保肥皂的制作过程吧？

实验材料　1.2升左右的废弃食用油、氢氧化钠175克（根据食用油量进行调整）、塑料盆、木质饭勺、棉手套、橡胶手套、口罩

实验方法

* 注意：实验过程中含有危险药品，且会释放热量，因此需在通风状况良好的室外，且在成人的陪护下进行实验。

1. 过滤掉废弃食用油中的杂质，准备开始实验。

2. 将准备好的氢氧化钠放入盆中，并倒入330毫升的水将其溶解。
（氢氧化钠溶于水时会产生热量，请务必戴上棉手套和橡胶手套以及口罩，注意实验安全。）

  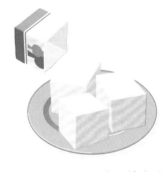

3. 将废弃食用油缓慢倒入溶解有氢氧化钠的溶液中，并用木质饭勺不断搅拌。

4. 向同一个方向不断搅拌大约40分钟，待溶液变得黏稠后，将其倒入空牛奶盒中。

5. 置于阴凉通风处，待完全凝固后，将其从盒中取出。

实验结果

几乎无毒的环保肥皂制作完成。可以放在厨房用来洗餐具，也可以用来洗衣服哦。

为什么会这样呢？

肥皂是通过油脂与氢氧化钠（NaOH）的化学反应制得的。油脂既可以是液态油，也可以是固态油哦。食用油是制作肥皂的上好原材料之一，当然我们也可以用牛油或者猪油作为原材料来制作肥皂。

问题 有没有一种水对身体健康特别有好处呢?

健康的可饮用水首先应该无味无色,且含有适量的氧气与二氧化碳以及少量的矿物质。含有二氧化碳的水,其味道类似于雪碧没有加糖的味道。原来看起来什么都没有的水里,竟然有这么多东西呀。

此外,如果水呈弱碱性的话,不仅味道好,而且还能被人体更好地吸收哦。还有,要是水的温度略低于常温,也会更好喝哦。对了!虽然天然的可饮用泉水对身体有益,但要是泉水打回来放置了很久的话,可千万不能再喝了哦!

问题 什么是"痛痛病"?

1955 年至 1957 年,居住在日本富山县神通川流域河岸的农村妇女,尤其是有孩子的母亲群体中,出现了一种怪病。症状初期,人们的腰、背、四肢肌肉以及各关节等开始疼痛。病情加重后,骨头会变得脆弱易折,最终全身的骨头都会折断。由于患者疼痛难忍时,常常会大叫"好痛呀!好痛呀!",故而得名"痛痛病"。

起初,人们并不知道这是什么原因导致的,但随着日本政府的深入调查,人们才意识到这是由重金属镉中毒引起的。

"三井"是一家生产铝矿与锌矿的矿产企业,位于神通川上游。这家矿产企业总是将

含有镉的矿山废水排入神通川,而生活在这里的人们世世代代用着神通川的水浇灌农田,生产出来的稻米就成了"镉米"。长期食用这种大米的居民体内积累了大量的重金属镉,于是怪病就出现了。

镉的不断累积,导致患者产生缺钙等病症,这不仅会使骨质软化和疏松等病情加重,甚至还会让人丢了性命。据统计有多达 128 人死于这种疾病。没想到工厂废水未经处理就随意排放到河里,竟会导致这么可怕的疾病发生。

问题 水有等级分类吗?

人们根据水的清澈度将淡水分成了可饮用水、可游泳用水、可作为工业或农业用水等五大类。在确定类别时,多采用测量水中的磷或氮的含量以及生物需氧量(BOD)等标准来进行划分。即使不是专家,我们也可以通过观察水中生存的生物来确定水的等级,因为生物中有一些"指标生物"只能在特定条件下才能生存下来。了解水中生存着哪些"指标生物",就能大致确定该流域的环境质量以及水的类别哦。

I 类 主要适用于源头水、国家自然保护区。I 类地下水只需消毒处理,地表水经简易净化处理(如过滤)、消毒后即可供生活饮用。

II 类 主要适用于集中式生活饮用水地表水源地一级保护区、珍稀水生生物栖息地、鱼虾类产卵场、仔稚幼鱼的索饵场等。II 类水质受轻度污染,经常规净化处理(如絮凝、沉淀、过滤、消毒等)后,可供生活饮用。

III 类 主要适用于集中式生活饮用水地表水源地二级保护区、鱼虾类越冬场、洄游通道、水产养殖区等渔业水域及游泳区。III 类水质经过处理后也能供生活饮用。

IV 类 主要适用于一般工业用水区及人体非直接接触的娱乐用水区。IV 类以下水质恶劣,不能作为饮用水源。

V 类 主要适用于农业用水区及一般景观要求水域。

科学话题

可以用面粉洗碗吗?

洗碗时可以用面粉代替洗洁精来去除餐具上的油。我们都知道使用洗洁精会产生大量的泡泡,但这种不易溶解在水中的泡泡会污染河流哦。

面粉就不一样啦。它易溶于水,还不会对其造成污染。溶解在水中的面粉会变黏稠,而这种黏稠的成分能够吸附住油渍,并将油完全去除掉。能够像用了洗洁精一样洁净餐具,还不会污染我们珍贵的水资源,是不是棒极了?另外,煮过菠菜的水和淘米水等也可以代替洗洁精来清洗餐具哦。

这个一定要知道！

阅读题目，给正确的选项打√。

1 下列选项中，没有节约用水的是

- ☐ 用脸盆接水洗漱
- ☐ 用牙杯接水刷牙
- ☐ 用水后关紧水龙头
- ☐ 涂沐浴露时开着水龙头

2 将一盒牛奶倒入下水道，需要多少清水稀释才能使水中的鱼生存下来？

- ☐ 约 1 瓶 1.5 升装塑料瓶的水
- ☐ 约 1 浴缸的水
- ☐ 约 8 浴缸的水
- ☐ 约 20 浴缸的水

3 自来水是由河流上游的水集聚而成的，那么获取自来水的地方叫什么呢？

- ☐ 原油船
- ☐ 水源地
- ☐ 海
- ☐ 核电站

4 下列选项中，不是造成水污染原因的是

- ☐ 使用合成洗涤剂
- ☐ 使用杀虫剂或化肥
- ☐ 往花盆浇水
- ☐ 直接排放工厂废水

参考答案：

1. 涂沐浴露时开着水龙头 / 2. 约 20 浴缸的水 / 3. 水源地 / 4. 往花盆浇水

32

科学原理早知道　　自然与环境

推荐人 朴承载 教授（首尔大学荣誉教授，教育与人力资源开发部 科学教育审议委员）
作为本书推荐人的朴承载教授，不仅是韩国科学教育界的泰斗级人物，创立了韩国科学教育学院，任职韩国科学教育组织联合会会长，还担任着韩国科学文化基金会主席研究委员、国际物理教育委员会（IUPAP-ICPE）委员、科学文化教育研究所所长等职务。是韩国儿童科学教育界的领军人物。

推荐人 大卫·汉克（Dr. David E.Hanke）教授（英国剑桥大学 教授）
大卫·汉克教授作为本书推荐人，在国际上被公认为是分子生物学领域的权威，并且是将生物、化学等基础科学提升至一个全新水平的科学家。近期积极参与了多个科学教育项目，如科学人才培养计划《科学进校园》等，并提出《科学原理早知道》的理论框架。

编审 李元根 博士（剑桥大学 理学博士，韩国科学传播研究所 所长）
李元根博士将科学与社会文化艺术相结合，开创了新型科学教育的先河。
参加过《好奇心天国》《李文世的科学园》《卡卡的奇妙科学世界》《电视科学频道》等节目的摄制活动，并在科技专栏连载过《李元根的科学咖啡馆》等文章。成立了首个科学剧团并参与了"LG科学馆"以及"首尔科学馆"的驻场演出。此外，还以儿童及一线教师为对象开展了《用魔法玩转科学实验》的教育活动。

文字 金基明
本科和硕士均毕业于首尔教育大学的小学科学教育专业。现为首尔新明小学六年级科学教师。平常会创作一些与儿童科学相关的文章并发表在《化学教育》和《儿童版科学东亚》等杂志上。致力于韩国科学教师协会的小学实验材料套件开发项目。积极参与小学教师联合组织"小学科学守护者"的活动。热衷于儿童科学故事的创作，已创作出《不断深入的科学观察小故事》《呀！竟然打鼻子》《趣味学习大自然》等科学故事。

插图 李良德
在韩国诚信女子大学研究生院主修视觉设计。目前是一名插图家，同时也在利用丙烯酸涂料元素以及局部的拼贴法来表达各种创作理念中。作品包括《杰克与豆芽》《哈克贝利·芬历险记》《处容歌》和《拇指姑娘》等。

샛강 살리기
Copyright © 2007 Wonderland Publishing Co.
All rights reserved.
Original Korean edition was published by Publications in 2000
Simplified Chinese Translation Copyright © 2022 by Chemical
Industry Press Co.,Ltd.
Chinese translation rights arranged with by Wonderland Publishing Co.
through AnyCraft-HUB Corp.,Seoul, Korea & Beijing Kareka
Consultation Center, Beijing, China.
本书中文简体字版由 Wonderland Publishing Co. 授权化学工业出版社独家发行。
未经许可，不得以任何方式复制或者抄袭本书中的任何部分，违者必究。

北京市版权局著作权合同版权登记号：01-2022-3281

图书在版编目（CIP）数据

守护清清河流 /（韩）金基明文；（韩）李良德绘；
季成译.—北京：化学工业出版社，2022.6
（科学原理早知道）
ISBN 978-7-122-41005-4

Ⅰ.①守… Ⅱ.①金…②李…③季… Ⅲ.①水污染防治—儿童读物 Ⅳ.①X52-49

中国版本图书馆CIP数据核字（2022）第047724号

责任编辑：张素芳
责任校对：王 静
封面设计：刘丽华
装帧设计： 溢思视觉设计／程超

出版发行：化学工业出版社
　　　　　（北京市东城区青年湖南街13号　邮政编码100011）
印　　装：北京华联印刷有限公司
889mm×1194mm　1/16　印张2¼　字数50千字
2023年1月北京第1版第1次印刷

购书咨询：010-64518888
售后服务：010-64518899
网　　址：http://www.cip.com.cn

凡购买本书，如有缺损质量问题，本社销售中心负责调换。

定　　价：25.00元　　　　　　　版权所有　违者必究